AF440284

AGRICULTURE.

RAPPORT

SUR LA

MALADIE DE LA VIGNE,

PAR

M. Michel STOFFEL,

Huissier à la Préfecture de l'Hérault.

* * *

MONTPELLIER,

Août 1873.

Montp., Imp. RICARD Frères.

AGRICULTURE.

RAPPORT

SUR LA

MALADIE DE LA VIGNE.

MESSIEURS,

Permettez-moi de venir, à mon tour, traiter la question de la vigne. Je n'ai pas la prétention de m'élever à la hauteur d'agriculteurs aussi justement autorisés que MM. Gaston Bazille, Henri Marès, Léon Marès, Louis Viala et Saintpierre, et enfin tous ces Messieurs qui ont dignement conquis une large part dans l'estime publique, non-seulement dans l'Hérault, mais aussi dans toute la contrée du Midi. Mais, pour triompher de cette maladie, il convient que tous, d'après leurs capacités, leurs idées et leur talent comme agriculteurs, apportent leur pensée sur la manière de traiter le mal. C'est ainsi qu'à mon avis, l'on pourra arriver à un heureux résultat.

Je ne vous apporte pas un travail bien approfondi comme agriculteur, car je ne suis pas propriétaire d'un pouce de terrain, mais, à mon point de vue, il serait très-utile que l'on fît de sérieuses études d'après mon système. Je viens faire appel aux Membres des Commissions du Phylloxera, de la Société d'Agriculture et de la Commission départementale; je n'ai pas la prétention de fixer définitivement la qualification de cette terrible maladie que l'on appelle Phylloxera; cela m'est indifférent, car ces genres ou termes de maladie que l'on a déterminés comme il est dit ci-dessus, rappellent les procédés de nos célèbres professeurs en médecine qui ont trouvé le moyen de donner plusieurs noms différents à certaines maladies : par exemple, les fièvres tiphoïdes, muqueuses ou cérébrales; enfin qui ont imaginé une infinité de divers noms qui, sans rehausser l'éclat de la médecine, n'ont pas provoqué de grands progrès depuis fort longtemps. A mes yeux, il n'y a qu'une fièvre vraie, la fièvre bilieuse, qui doit être enregistrée dans les traités de médecine, et rien autre chose ; veuillez me trouver un purgatif, dans les plantes botaniques et non dans les sels, qui, au lieu d'atiser le feu et les irritations dans les affections d'estomac, le détruira par un laxatif rafraîchissant; nous verrons si, au lieu de porter des personnes au cimetière souvent fort jeunes, vous ne les rendrez

pas les trois quarts à leurs familles et à la société.
Donc, à mon avis, jusqu'à présent, l'on a traité la
vigne comme une personne maladive qui, à force de
soins, se maintient plusieurs années au même degré de
sa maladie, mais finit un jour par succomber lorsque
le remède n'a plus la force de sa vertu naturelle, le
corps humain s'habituant complétement à ce médi-
cament. Eh bien! Messieurs, il en est de même pour
le soufre qui n'agit plus avec efficacité sur la maladie;
le Phylloxera fait alors des ravages épouvantables.
J'ai pris connaissance autant qu'il m'a été possible, soit
dans les brochures, soit dans les journaux, des solu-
tions données à cette question; je n'ai rien remarqué
qui soit capable de détruire totalement cette maladie
et de rendre toute la force voulue à la vigne.

Cherchons donc à anéantir cette maladie par un
procédé nouveau, non-seulement détruire le soufre,
mais aussi toute la vermine qui attaque la racine des
vignes. Voilà le vrai but; nous la verrons alors
renaître dans toute sa force et sa vertu; il faut faire
des études nouvelles, tout en portant son attention du
côté des agriculteurs du Nord, de l'Est et de l'Ouest,
comme vous le disait M. Limbourg, dans son remar-
quable discours au Conseil général, lorsqu'il était
Préfet de l'Hérault, et qu'il fit décider le Conseil
à revenir sur une première décision, en faisant
adopter la création de l'École d'Agriculture.

Au moment où se posait cette grave question, la

repousser c'était repousser la lumière et la science, et
cela alors qu'on en avait un si grand besoin et qu'il
fallait y porter toute son attention.

Il s'agit de la fortune, de la richesse non-seulement du Midi, mais aussi de tout un pays dont nous
avons grand besoin. Que vous disait M. Limbourg?
que vous ne saviez pas fumer vos terres; il avait
raison, car l'engrais artificiel que vous employez est
la cause de la grande quantité de vermine qui ronge
la racine des vignes; je vous en donne une preuve
convaincante en vous parlant de l'Est, c'est-à-dire de
la Moselle, mon pays natal, où les pâturages sont
très-abondants et sont généralement situés sur le bord
des rivières; il nous arrive souvent qu'à la deuxième
coupe, que nous apppelons le regain, les rivières dé-
bordent, et que l'on a à peine le temps de réunir le
foin en tas; il est le plus souvent trop tard; les
pluies étant abondantes à ces époques, font dé-
border les rivières, et le regain, en tas, se trouve
englouti sous les eaux où il ne séjourne malheu-
reusement que trop longtemps; où on ne peut même
pas l'utiliser comme litière, parce qu'il se pourrit.
Vous seriez étonnés de trouver dessous ces tas de
regain des milliers de vers se ramassant en pelotte,
et qui ont jusqu'à quinze et vingt centimètres de
longueur; ils y trouvent leur nourriture. Plus un terrain est engraissé, plus la vermine y est abondante,
et plus le terrain devient lourd et paresseux, princi-

palement pour les céréales et la vigne. Il n'en est
cependant pas de même pour les légumes ; faites-
donc des expériences, comme les cultivateurs des
contrées que je cite plus haut; ils ont beaucoup fait
pour leurs cultures ; établissez des puits dans les
étables, qui aboutissent aux extrémités des écuries,
où les urines du bétail qui forment à proprement
parler les eaux de fumier se trouvent recueillies,
et qui servent à arroser les terres, en commençant
par celles qui en ont le plus besoin ; en outre, dans le
centre du fumier, on construit des puits; deux fois
par jour on arrose ce fumier, ce qui est une très-
bonne méthode. Cela sert à le faire pourrir, tout en
y réunissant les eaux que l'on reçoit avec une
pompe ; aussi le fumier naturel a une odeur toute
différente de celui du Midi ; on le respire sans répu-
gnance, tandis que celui du Midi est une infection,
car ce n'est qu'un ramassis de toute sorte d'immondices ; on y rencontre tous les insectes que la nature
produit, tandis que celui qui est naturel ne possède
pas toute cette vermine.

Les propriétaires de ces pays paient même les
bergers pour faire séjourner leurs troupeaux dans
des terrains incultes pour l'année où ils se reposent ;
mais ce qui doit fixer particulièrement votre attention, c'est l'engrais au plâtre cru en poudre. Tous
les propriétaires du Nord, de l'Est et de l'Ouest,
grands comme petits, savent que lorsque les blés

les orges, les avoines, les trèfles, les luzernes et
les sainfoins sont en souffrance ou envahis par la
vermine, ou que l'on voit qu'ils sont maladifs, on
emploie le plâtre cru en poudre que l'on sème comme
le blé; c'est ainsi que vous verrez par vous-mêmes,
au bout de quelques jours, un changement notable;
vous y trouverez non-seulement un engrais sain,
mais aussi efficace contre la vermine, et un engrais
pour la terre ; il la réchauffe, lui rend sa vigueur :
la preuve de sa vertu, c'est que vous en mettez
dans vos vins pour les clarifier et leur donner de la
force pour leur transport.

Il va falloir nécessairement régénérer la terre en
lui rendant toute sa force naturelle. Cette régénéra-
tion, de son côté, rendra à la vigne sa vigueur et sa
vitalité première; à mon point de vue, elle est malade
par la grande fatigue qu'elle a subie en étant forcée
à une récolte supérieure à ses forces. C'est comme
une personne malade : si elle n'est pas nettoyée,
soignée, elle finit par avoir de la vermine sur le corps.
A mon avis, il faut creuser au pied de chaque sou-
che des trous en forme d'entonnoir où vous mettrez
trois bonnes poignées de plâtre cru en poudre de
meilleure qualité possible, principalement vers la fin
d'Octobre, lorsque les vignes restent incultes une
grande partie de l'hiver ; quand les pluies arrivent en
abondance, leur séjour au pied des souches fera
dissoudre le plâtre et attaquera ainsi infailliblement la

vermine de toute nature, et lorsque les souches auront subi cette préparation, à la première culture, répandez le plâtre en assez grande quantité ; en même temps, mettez-y le fumier dont vous disposez, mais naturel, car, dans la tournée du Conseil de révision où j'ai eu l'honneur d'accompagner l'honorable M. Pougny, Préfet de l'Hérault, j'ai été très-surpris de rencontrer bon nombre de charretiers voiturant du fumier pour fumer les terres. Est-il possible que le Midi soit aussi en retard pour la culture ; que devient ce fumier par ces grandes chaleurs ? il se sèche et se transforme en paille ; son sucre s'évapore par les grandes sécheresses, et la terre n'en profite nullement.

Il faut changer ce mauvais système : prenez pour base, à la première culture, à la fin des hivers, de me semer le plâtre ; apportez y votre fumier ; égalisez-le partout sans exception, sans le mettre au pied des souches, ce qui est un très-mauvais procédé ; en cultivant, ayez soin de l'enfermer en terre. Voilà ce que j'appelle la vraie culture ; le sucre du fumier ne sera pas ainsi perdu, la terre en profitera sans qu'il se dessèche. Sans doute vous me direz que vous n'avez jamais de fumier suffisant pour vos engrais ; je vous répondrai que vous laissez s'écouler votre meilleur engrais dans les cours d'eau qui en sont infectés, qu'il ne sert qu'à corrompre le poisson que les habitants répugnent à manger, lequel poisson serait d'une grande utilité pour la classe ouvrière.

Le contenu des fosses mobiles, pourquoi ne pas l'utiliser? Paris en tire un très-bon parti comme poudrette; faites-en de même, vous en aurez suffisamment pour vos engrais; vous faites venir, de très-loin, des engrais qui ne servent qu'à détruire vos vignes, lorsque vous les avez sous la main.

Que chaque propriétaire établisse des lieux d'aisance où tout sera recueilli dans des tonneaux, même qu'il y soit forcé, s'il le faut, dans l'intérêt du pays, par des arrêtés d'utilité publique; vous ne verrez plus, dans les rues, toutes ces immondices qui infectent la population, au détriment de la salubrité.

Prenez, pour cultiver, la bêche que nous employons dans le Nord, l'Est et l'Ouest. Permettez-moi de vous faire une observation et vous dire que je ne puis admettre votre genre de labourage avec cette mauvaise charrue que vous employez; sans doute, c'est une grande économie de main-d'œuvre pour tout grand propriétaire, mais aussi ce procédé est détestable, car, avec ce genre de charrue, vous ne pouvez cultiver la terre qu'à environ vingt-cinq centimètres de profondeur. Vous pouvez me répondre que nos pays du Nord l'emploient aussi, mais nos charrues sont bien différentes des vôtres, car elles pénètrent à une quarantaine de centimètres de profondeur pour nos céréales seulement, et non pour les vignes.

Tout le monde sait, du reste, que nous ne le pour-

rions pas, nos vignes étant toutes soutenues par des
échalas. C'est en grande partie la bêche que nous
employons et qui joue un très-grand rôle pour cette
culture, car elle nous permet de bêcher jusqu'à cin-
quante centimètres de profondeur, ce qui nous donne
une très-bonne culture tout en nous facilitant la destruction de la vermine de quelque nature qu'elle soit;
il en sera de même pour les cocons qui se trouvent
fortement attaqués par ce genre de culture et de
l'emploi du plâtre. Ce remède serait certainement
le plus efficace et le plus économique, car au lieu
de renchérir vos vins et de les élever à des prix au-
dessus de 15 à 20 centimes le litre, en nuisant à
leur écoulement, il les rendrait meilleurs et moins
chers. Je vous engage donc, pour le moment, à
abandonner l'usage de vos charrues qui ne cultivent
qu'à vingt-cinq centimètres. Que vous arrivera-t-il?
c'est qu'à trente-cinq centimètres, vous rencontrerez
une nappe de terre dure comme du marbre, une
terre qui n'a jamais été remuée; et vous trouvez
étonnant que vos vignes périssent? Cela ne m'étonne
nullement, car, quel développement pouvez-vous
donner à la racine? aucun. Aussi je ne désespère
pas qu'avec cette bonne culture, qu'avec le plâtre
que vous emploierez comme je l'indique en le semant
à des intervalles de six semaines, lorsque la vigne
est en pleine végétation, comme pour le soufre, vous
parveniez à détruire également les pyrales: mais il

faut profiter des moments humides, soit de petites
pluies ou de fortes rosées, afin que le plâtre puisse
s'attacher à la feuille.

Permettez-moi de vous exprimer ma pensée au
sujet de la destruction du Phylloxera par la sub-
mersion des eaux. Je répondrai que cela n'est pas
possible; toutes vermines qui sont en terre sont des
êtres amphibies, et résisteront plutôt dans l'humidité que par les sécheresses. C'est ce que j'ai vu par
moi-même lorsque j'étais berger, ainsi que j'ai eu
l'honneur de le citer plus haut au sujet des regains
enfouis sous les eaux. Dans ma tournée du Conseil
de révision, j'ai consulté bon nombre de personnes;
toutes m'ont assuré que la majeure partie des propriétaires riverains de l'Hérault sont plus ou moins
attaqués. Cela n'empêche pas que presque toutes les
années ces terres se trouvent recouvertes par les
eaux, et la maladie existe. Je n'en suis nullement
étonné, car les cocons ou les œufs proprement dits
de toute vermine amphibie qui vit en terre se déve-
loppent plutôt par les humidités que par les sécheresses. Voyez ce qui arrive dans nos étangs du Nord,
de l'Est et de l'Ouest : on n'y met jamais du brochet
parce qu'il détruit tout autre poisson. Transvidez
cet étang dans un étang voisin desséché, car c'est
toujours ainsi que cela se pratique pour la récolte
du poisson ; s'il y a eu du brochet, au bout de
huit ou dix ans, plus ou moins, le frai se conserve

très-bien dans l'humidité, et vous ne serez pas sur-
pris, croyant l'avoir détruit, au bout de quelque
temps, de le voir renaître, faire sa chasse et sa destruction. Eh bien ! il en est de même pour toute vermine qui vit en terre comme dans les eaux. L'alarme
est trop grande en ce moment pour que tout bon
citoyen ne développe pas ses idées en culture ; car,
sauver les vignes, c'est sauver notre richesse, nos
ressources financières ; c'est faire renaître ce grand
espoir dans la nation, qui facilitera la rentrée, dans
le sein de la mère-patrie, de ces deux beaux pays
annexés à la Prusse. C'est faire acte de bon patriote
et de bon citoyen.

Veuillez agréer, Messieurs, l'assurance de mes
sentiments respectueux.

MICHEL STOFFEL,

Huissier à la Préfecture de l'Hérault.